科技助力乡村振兴点点通

公民生态环境行为规程

奥秘画报社 编

YNKJ 云南科技出版社
·昆 明·

图书在版编目（CIP）数据

公民生态环境行为规程 / 奥秘画报社编. -- 昆明：云南科技出版社，2023．9
(科技助力乡村振兴点点通)
ISBN 978-7-5587-4990-2

Ⅰ．①公… Ⅱ．①奥… Ⅲ．①生态环境－环境保护－普及读物 Ⅳ．① X171.1-49

中国国家版本馆 CIP 数据核字 (2023) 第 175269 号

公民生态环境行为规程

GONGMIN SHENGTAI HUANJING XINGWEI GUICHENG

奥秘画报社 编

出 版 人：温　翔
策　　划：高　亢
责任编辑：洪丽春　曾　芫　张　朝
助理编辑：龚萌萌
封面设计：云璞文化
责任校对：秦永红
责任印制：蒋丽芬

书　　号：ISBN 978-7-5587-4990-2
印　　刷：云南出版印刷集团有限责任公司国方分公司
开　　本：889mm × 1194mm　1/32
印　　张：3.875
字　　数：99 千字
版　　次：2023 年 9 月第 1 版
印　　次：2023 年 9 月第 1 次印刷
定　　价：32.00 元

出版发行：云南科技出版社
地　　址：昆明市环城西路 609 号
电　　话：0871-64114090

编委会

公民生态环境
行为规程

公民生态环境行为规程

目录

生态环境

生态中国　共治共护

文明一小步　生态一大步

生态环境

建设生态文明，关系人民福祉，关乎民族未来。

坚定不移走绿色发展之路，

用汗水浇灌绿色家园，

绘就人与自然和谐共生的中国画卷。

生态文明的概念

eco 生态文明，是以人与自然、人与人、人与社会和谐共生、良性循环、全面发展、持续繁荣为基本宗旨的社会形态。

eco 生态文明，是人类文明发展的一个新的阶段，即工业文明之后的文明形态;生态文明是人类遵循人、自然、社会和谐发展这一客观规律而取得的物质与精神成果的总和。

生态文明，是人类为保护和建设美好生态环境而取得的物质成果、精神成果和制度成果的总和，是贯穿于经济建设、政治建设、文化建设、社会建设全过程和各方面的系统工程，反映了一个社会的文明进步状态。

生态文明，是人类文明发展的历史趋势。以生态文明建设为引领，协调人与自然关系。

要解决好工业文明带来的矛盾，把人类活动限制在生态环境能够承受的限度内，对山、水、林、田、湖、草、沙、冰进行一体化保护和系统治理。

建设生态文明的重要性和意义

生态文明是实现人与自然和谐发展的必然要求，生态文明建设是关系中华民族永续发展的根本大计。

建设生态文明，是中华民族永续发展的千年大计，关系人民福祉，关乎民族未来，功在当代，利在千秋。

面对资源约束趋紧、环境污染严重、生态系统退化的严峻形势，必须树立尊重自然、顺应自然、保护自然的生态文明理念。把生态文明建设放在突出地位，融入经济建设、政治建设、文化建设、社会建设各方面和全过程，努力建设美丽中国，实现中华民族永续发展，让中华大地天更蓝、山更绿、水更清、环境更优美。

关注生态环境

关注哪些内容

关注自然环境质量

环境对人类的生存和繁衍是否适宜，对社会经济发展是否适宜，适宜程度怎么样等，都反映了人对环境的具体要求。环境质量分为自然环境质量和社会环境质量。

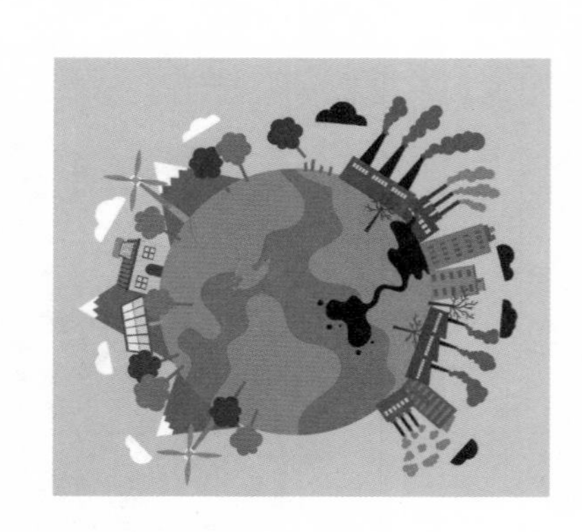

☆自然界气候

☆水文

☆地质地貌

☆反射性污染

☆热污染

☆噪声污染

☆微波辐射

☆自然灾害：地面下沉、地震等

☆化学环境要素

如果周围的重污染工业比较多，那么产生的化学环境要素就多一些，产生的污染比较严重，化学环境质量就比较差。

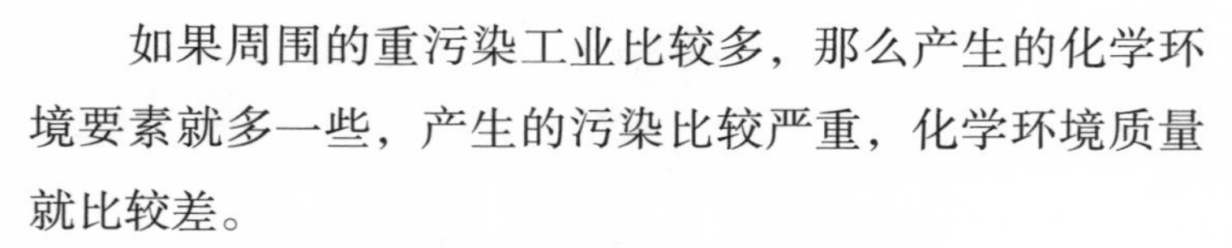

☆生物环境质量情况

生物环境质量是自然环境质量中最主要的组成部分，鸟语花香是人们最向往的自然环境，生物环境质量是针对周围生物群落的构成特点而言的。不同地区的生物群落结构及组成的特点不同，其生物环境质量就显出差别。生物群落比较合理的地区，生物环境质量就比较好；生物群落比较差的地区，生物环境质量就比较差。

关注社会环境质量

随着科学的发展，人类将不断地改变着周围的环境质量，环境质量的变化又不断地反馈于人，人和环境的关系犹如鱼和水、子与母。我们要善待环境，尊重自然环境，创造更好的社会环境。

☆经济环境质量

☆文化环境质量

☆美学环境质量

关注自然生态状况和能源资源状况

在资源开发过程中，从自然界过度要求物质和能源，必然存在许多隐患。水资源短缺和矿产资源短缺都是未来的问题。

自然资源如森林、湖泊和海洋等，拥有不可替代的作用。它们可以维护陆地生态平衡，净化水质，改善气候和气象，控制环境影响，抵抗环境污染，维护生物多样性和保护水土资源等。

关注生态文明建设相关政策

了解政府和企业发布的生态环境信息，学习生态环境科学、法律法规和政策、环境健康风险防范等方面的知识。

中共中央　国务院《关于加快推进生态文明建设的意见》

中共中央　国务院《关于全面加强生态环境保护 坚决打好污染防治攻坚战的意见》

《2022 年生态文明建设行动实施方案》

习近平关于社会主义生态文明建设重要论述

《国务院关于印发全国国土规划纲要（2016—2030 年）的通知》

《生态文明体制改革总体方案》

《“十三五”生态环境保护规划》

生态中国 共治共护

像保护眼睛一样保护生态环境，

像对待生命一样对待生态环境。

山的生态在修复
心中有山
山中有人
不做“候鸟人”

“山水林田湖草沙冰生命共同体”是以山、水、林、田、湖、草、沙、冰等不同的资源环境要素所组成的复杂巨系统为主体，是对多层次、多尺度资源环境要素相互作用关系及人地协同关系的高度凝练。

山、水、林、田、湖、草、沙、冰等不同资源环境要素之间是普遍联系、相互影响、彼此制约的，是一个不可分割的整体。人类活动对某种自然资源的不当开发，会对其他自然资源、生态环境乃至整个生态系统产生影响。

坚持山、水、林、田、湖、草、沙、冰一体化保护和系统治理，才能守护好这里的生灵草木、万水千山。

保护山体

山是乡村宝贵的自然资源与文化资源，是乡村充满灵气的自然载体。加强山体保护，是改善乡村生态环境和提升乡村整体形象的重要内容，对打造生态宜居乡村，提升村民文明幸福指数具有重要的现实意义。

植树造林，禁止乱砍滥伐，防水土流失

原生树木生长起来是很不容易的，同时也是大山生态系统中重要的一环，不应该随意破坏。

● 乱砍滥伐会使得森林的生物多样性遭到破坏，很多生物失去原有的栖息地而出现濒危现象。

● 乱砍滥伐会使得当地的物种同质化，抵御虫害、病害的能力降低，例如一些人工林较多的地方，松毛虫盛行。

● 乱砍滥伐会降低森林的生态调节能力，降低森林的空气净化能力。

● 森林对于保持水土有着重要作用，乱砍滥伐森林会导致水土流失。土地会慢慢地荒漠化，进而加剧水土流失，引发沙尘暴，龙卷风等自然灾害。

山体护坡常用植物

用于山体护坡的植物有许多，在大多数情况下可以选择草坪草进行护坡。由于草坪草自身的根系不放大，常年根只能在干燥的浅层扎根，护坡效果有，但效果相比灌木护坡稍微差，目前在我国大多地方已经开始采用灌木护坡。灌木护坡的种类有：柠条、木豆、猪屎豆、小冠花、胡枝子等。

不随意开山挖矿或者修建房屋，山体内禁止建设商品住宅

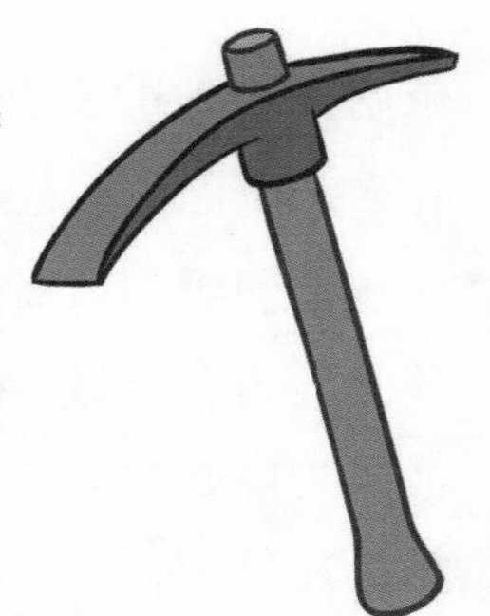

非法挖山的行为属于违反《中华人民共和国土地管理法》的行为，由县级以上人民政府土地行政主管部门责令限期改正或者治理，可以并处罚款，也有可能涉嫌刑事犯罪。

法律依据：《中华人民共和国土地管理法》

占用耕地建窑、建坟或者擅自在耕地上建房、挖砂、采石、采矿、取土等，破坏种植条件的，或者因开发土地造成土地荒漠化、盐渍化的，由县级以上人民政府土地行政主管部门责令限期改正或者治理，可以并处罚款；构成犯罪的，依法追究刑事责任。

严禁非法开采山地资源

地表或者地下的矿产资源的国家所有权，不因其所依附的土地的所有权或者使用权的不同而改变。国家保障矿产资源的合理开发利用。禁止任何组织或者个人用任何手段侵占或者破坏矿产资源。各级人民政府必须加强矿产资源的保护工作。勘查、开采矿产资源，必须依法分别申请、经批准取得探矿权、采矿权，并办理登记。

未取得采矿许可证擅自采矿的，擅自进入国家规划矿区、对国民经济具有重要价值的矿区范围采矿的，擅自开采国家规定实行保护性开采的特定矿种的，责令停

止开采、赔偿损失，没收采出的矿产品和违法所得，可以并处罚款；拒不停止开采，造成矿产资源破坏的，依照《中华人民共和国刑法》对直接责任人员追究刑事责任，达到标准的构成非法采矿罪。

禁止私自更改山地用途

我国法律对土地用途是有严格规定的，农用地、林地都不得随意改变用途，更不能非法占用。非法占用耕地、林地等农用地，改变被占用土地用途，数量较大，造成耕地、林地等农用地大量毁坏的，处五年以下有期徒刑或者拘役，并处或者单处罚金。

保护生物多样性

“生物多样性”是动物、植物、微生物与环境形成的生态复合体，以及与此相关的各种生态过程的总和，包括生态系统、物种和基因三个层次。生物多样性是人类赖以生存的条件，是经济社会可持续发展的基础，是生态安全和粮食安全的保障。

保护动物

★严禁滥捕盗猎

不乱杀动物、不捕捉动物、不贩卖动物。

不虐待动物，严令禁止偷猎、诱捕珍稀濒危野生动物，对种群数量过多或有重要用途的野生动物，必须经上级主管部门的批准，严格按照批准的数量捕猎。

★不破坏他们的生长环境，营造栖息环境，解决食物短缺

在经过充分野外调查的基础上，分析保护区野生动物的分布、活动规律、繁育、食物链等，以及鸟类的迁徙规律、繁育特点、食物特性。在食物短缺的季节，对种群数量少及珍稀濒危的野生动物提供食物。

★野生动物的救护繁育

野生动物的救护实行个体的人工救护，对离群、受伤、感染疫病、老弱的野生动物以迁地的方式进行人工救护、健康恢复、野生放生等措施，以维持和壮大野生动物尤其是珍稀濒危野生动物的种群。

★不故意惊扰、追捕野生动物，不购买、不食用国家禁捕的野生动物。

★不在动物的窝巢附近吸烟、野炊，以免气味惊扰动物

保护植物

中国是全世界植物多样性最丰富的国家之一，拥有植物种类总数占全世界 10% 以上，野生植物资源具有生态环境价值。植物作为生态系统的组成部分，具有基础地位和主导地位，能够维持生态平衡。

长期以来，我国野生植物资源处于被过度开发利用状态，有超过 1000 种野生植物面临濒危。

● 不乱砍乱伐，珍惜稀有物种。

● 合理种植，尽量少用化学农药，肥料。

●合理谨慎引入外来物种，控制空气污染，防止酸雨腐蚀绿色植物。

●减少氯的排放，防止臭氧层被破坏，避免紫外线直接照射绿色植物。

中国实行国家公园体制，目的是保持自然生态系统的原真性和完整性，保护生物多样性，保护生态安全屏障，给子孙后代留下珍贵的自然资产。

保护文化

维护山上人文遗迹，保护历史文化价值

★原封不动地保存（冻结保存）

保持历史文化的原真性。

★整旧如故——谨慎修复

对于残缺的建筑（古遗迹）修复应“整旧如故，以存其真”。修复和补缺的部分必须跟原有部分形成整体，保持外观上的和谐一致，有助于恢复而不降低它的艺术价值、历史价值、科学价值、信息价值。

增添部分必须与原有部分有所区别，使人能辨别历史和当代增添物，以保持文物建筑的历史性。此外，加固、维护应尽可能地少，即必要性原则。

★慎重重建

一些十分重要的历史建筑物因故被毁。由于它们是地方重要的标志、象征，因此，在条件允许的情况下，有必要重建。重建有纪念意义。但是，重建必须慎重，必须经专家论证，因为重建必然会失去历史的真实性，又耗资巨大，还破坏了遗迹。在更多情况下保存残迹更有价值。

★保护历史环境

事物与其存在环境是密不可分的，不能脱离环境而独立存在。历史文化遗产环境的意义更重要，重要的、特色的、与重要历史有关的地形、地貌、原野、水体、花木及其特征都要保护。

保护山区环境

这些年来，随着户外运动群体的不断增加，户外活动越来越丰富多彩。参与户外活动要环保，保护自然，不乱丢垃圾，不乱生火等。如何做个户外环保的引领者、指引者，也是我们关注的问题。

户外垃圾一般可分为四大类：可回收垃圾、厨余垃圾、有害垃圾和其他垃圾。目前常用的垃圾处理方法主要有综合利用、卫生填埋、焚烧和堆肥等。

垃圾处理，分类是关键。

垃圾分类小贴士

可回收垃圾：包括纸类、金属、塑料、玻璃等，通过综合处理回收利用，可以减少污染，节约资源。如每回收 1 吨废纸可造好纸 850 千克，节省木材 300 千克，比等量生产减少污染 74%；每回收 1 吨塑料饮料瓶可获得 0.7 吨二级原料；每回收 1 吨废钢铁可炼好钢 0.9 吨，比用矿石冶炼节约成本 47%，减少空气污染 75%，减少 97%的水污染和固体废物。

厨余垃圾：包括剩菜剩饭、骨头、菜根菜叶等食品类废物，经生物技术就地处理堆肥，每吨可生产0.3吨有机肥料。

有害垃圾：包括废电池、废日光灯管、废水银温度计、过期药品等，这些垃圾需要做特殊安全处理。

其他垃圾：包括除上述几类垃圾之外的难以回收的废弃物，比如女性卫生用品，其他卫生用品等。采取卫生填埋可有效减少对地下水、地表水、土壤及空气的污染。

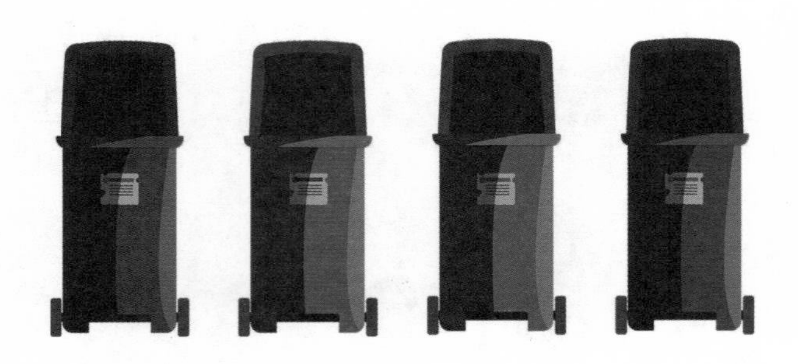

户外垃圾处理及环保指引

●垃圾中难以自然降解的部分（如电池、塑料、金属、玻璃、化学品、有镀膜或涂层的纸制品等）不要焚烧和掩埋，应携带出山林，再放入分类垃圾箱。

●能够自然降解的垃圾（如纸张、纯棉制品、食物屑等）可粉碎后就地处理，但不能丢弃在水中或水流附近。

●营地环境及生活卫生：

保护好营地周围的环境，主要是指营地周围的水源保护，大小便的处理，女性卫生用品的处理，煮食地方的安全等。

●保护好营区的水源：

刷洗东西时必须汲水上岸，不要在水流中直接进行，洗漱应用容器盛水在离水源 2 米外的地方进行，防止湖水或河流下游被污染。

●在野外尽量不使用香皂、牙膏、洗洁精等化学品，而改用干、湿纸巾；尤其不可在水中使用日化产品。

●在自然界就地如厕时要远离水源 30 米以上，且在营地下风口，最好在方便地点用土掩埋，以防止气味散发污染，上厕所远离水源、道路、动物巢穴等。

●废水、废液、食物残渣要挖坑集中倾倒，撤营时掩埋复原，不要在营区附近乱泼乱撒。

●便溺场所要集中定点挖坑并设掩帐，离开营区 50 米以上。挖坑出土要整齐堆放坑旁，每用完一次撒一层土遮盖，撤营时掩埋复原。如果可能，最后应该在坑上种上植物，以作标示，并有助于加快便物的分解。

●生活用的干垃圾要标明可燃、不燃两类，分别设袋集中收集，撤营时将可燃者挖坑焚烧（山区非禁火季节）后掩埋，不燃者带往山下垃圾站。如为山区禁火期，则两种垃圾皆要带回。

绿色登山，环保先行——环保登山十守则

★守则一：行前食品装入密封袋

在登山时，我们经常遇到的垃圾就是各种颜色的塑料袋、塑料盒等，它们大多是属于食物的外包装，被遗弃山野随风飘荡，难以降解。其实，我们可以在出发前就提前避免产生这类垃圾。山野中很多垃圾的产生并非都是因为缺乏保护意识，有时当你打开一包食品时，由于层层包装，会产生很多包装纸。如果你没注意，或者风太大吹走包装纸，难免会产生垃圾的遗漏。要从根源上减少这类垃圾产生，一个办法就是出发之前就去掉食品包装，采用密封袋分装食物。

方法：密封袋分装食物——减少山野塑料垃圾。

在出发前就拆掉食品包装袋、包装盒、罐装瓶等，把食品分类装进密封袋重新包装。密封袋经过压合自动封口，和食品包装一样防水又保鲜，还可以带下山重复使用。

★守则二：不抄近路，沿着山径走

徒步路线中往往有一条山径通往目的地，然而，在徒步过程中时常有一些登山者为了抄近路会随意偏离山径，久而久之，路旁的植被就会遭到破坏。

★守则三：狭路不要并排走

山野之中，有些山径很窄，仅方便一人通过，但常常会出现多人为了方便聊天并排行走，从而踩在路径之外。长此以往，道路会变宽，代价是路径两旁的植被会逐渐消失。

★守则四：没有山径的野地，散开通过

有的路线人迹罕至，没有成体系的山径，你不得已需要通过草地，踩踏植被。这时，大家分开行走是对植被破坏最小的办法。

★守则五：路遇动物不投喂

保护动物不仅是不伤害动物，在山野之中，山友遇到小动物时，山友们会觉得可爱，忍不住想要投喂。人类的投喂会让野生动物产生依赖，丧失独立生存的能力，最终会影响到生态系统的平衡。

★守则六：环保扎营，减少冲击

在营地，令人痛心的一种现象是：为了得到一个相对舒适的营地，登山者拿起铲子平整土地、挖掘排水沟，让一整片土地面目全非；而营地选择不当，也会对整片植被、土地造成破坏。所以，我们推荐一些降低环境冲击的扎营选择。

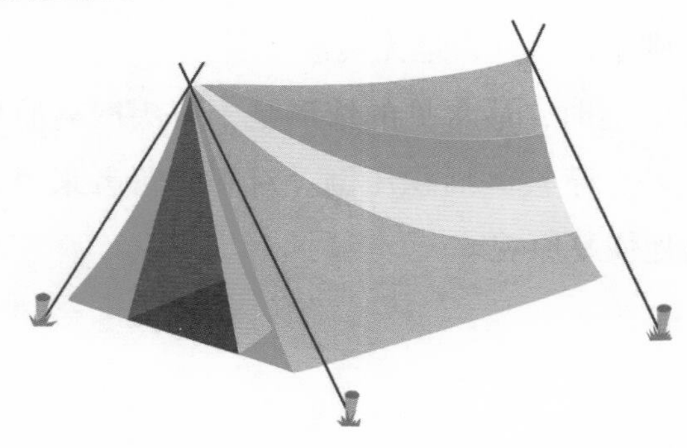

★守则七：合理使用篝火

扎营后，在营地点篝火、吃烧烤是许多人最享受的时刻。然而篝火的使用有很多限制条件，如果在植被上随意生火，对环境是很大的破坏。

★守则八：用热水替代洗洁精

许多人在餐后会用家用洗洁精直接在溪水里冲洗餐具，这会对溪水造成污染，对水中生物产生毒性。

★守则九：带走垃圾不焚烧

露营结束，你将面临垃圾处理的问题。有的人为了下山方便，会选择把垃圾烧掉，燃烧时产生的难闻气味久久飘散。正确的处理方法是掩埋与带走。

★守则十：离开营地无痕迹

离开营地时，最常见的情形是，石头搬离原地形成的裸露土坑，草被大面积压倒。对于露营者来说，你有责任把营地恢复原貌。

护山监督员

发现破坏山体森林等行为向哪个部门举报

破坏山体森林是归林业部门管理。

公民、法人和其他组织发现破坏山体的行为，有权向有关部门进行投诉和举报，有关部门应当及时依法查处。

破坏山体如何处罚

法律、法规和规章未对侵占、破坏山体的违法行为作规定的，由山体保护主管部门责令限期修复；逾期未修复治理的，由山体保护主管部门处一万元以上、最高十五万元罚款。

法律依据：《中华人民共和国森林法》

第六十六条　县级以上人民政府林业主管部门依照本法规定，对森林资源的保护、修复、利用、更新等进行监督检查，依法查处破坏森林资源等违法行为。

第六十七条　县级以上人民政府林业主管部门履行森林资源保护监督检查职责，有权采取下列措施：

（一）进入生产经营场所进行现场检查；

（二）查阅、复制有关文件、资料，对可能被转移、销毁、隐匿或者篡改的文件、资料予以封存；

（三）查封、扣押有证据证明来源非法的林木以及从事破坏森林资源活动的工具、设备或者财物；

（四）查封与破坏森林资源活动有关的场所。

省级以上人民政府林业主管部门对森林资源保护发展工作不力、问题突出、群众反映强烈的地区，可以约谈所在地区县级以上地方人民政府及其有关部门主要负责人，要求其采取措施及时整改。约谈整改情况应当向社会公开。

第六十八条　破坏森林资源造成生态环境损害的，县级以上人民政府自然资源主管部门、林业主管部门可以依法向人民法院提起诉讼，对侵权人提出损害赔偿要求。

水

傍水而居

惜水

爱水

节水

家庭生活爱水节水

上厕所省水法

使用省水型马桶或是装置节制水流量的设备。如厕后，按“半抽”模式冲洗马桶，以节省用水。

控制水龙头出水量

在厨房或浴室的水龙头加装省水垫片或压力补偿装置，这些小小的装置可在水流上混入一点空气，从而让出水量变小，减缓出水量。

关紧水龙头

随手关紧水龙头，并且在每次出门前和临睡前仔细检查水龙头是否关好，有无漏水。

缩短冲凉时间

尽量缩短每天洗澡的时间，据说减少冲凉时间1分钟，就能节省9升的水。

在抹肥皂、洗头发时也应先把水龙头关掉。

冲凉时，在等待冷水转热以前的水可以用水桶装起来，可以用来冲洗厕所。

洗涤水再利用

用淘米水洗碗筷，可减少洗洁精的污染和用水量。

收集洗衣机排出的水来冲马桶。

把洗蔬菜的用水留着用来浇花、洗车或洗厕所等。

用漱口杯盛水刷牙

刷牙时应先把水龙头关掉，用漱口杯盛水即可。

用水盆洗菜

洗碗、洗菜时先盛出需要的水量，改掉开着水龙头任水流的坏习惯。

洗脸以盆装水洗代替流水洗

许多人在洗脸时会将水龙头大开，水花四溅，这时只需先盛出需要的水量或是控制水龙头开关至小水量即可。

以擦拭代替冲洗

做家务时，先以水桶装取适量的水，再进行后续的擦拭与清洁。

集中洗蔬果

把所有蔬果集中在一个盆子里，以小水流的方式慢慢清洗。

等洗衣机装满后再一次清洗

洗衣服时，可手洗的就不要使用洗衣机洗。

若要使用洗衣机，可装满衣物后再一起洗，洗衣服的时候注意用节水模式洗，这样既省水又省电。

由于洗衣服用水量比较大，用洗衣机洗衣服的时候不要放得过满，洗衣机的水位不要定得太高，否则衣服之间摩擦减少，既洗不干净还浪费水。

节水洗碗法

先用一张卫生纸把餐具上的油污擦去，然后再用一小滴洗洁精加一点热水洗一遍，最后再用适量的温水或冷水冲洗干净即可。另外，多数人喜欢开着水龙头洗碗，可改用盆装水清洗。

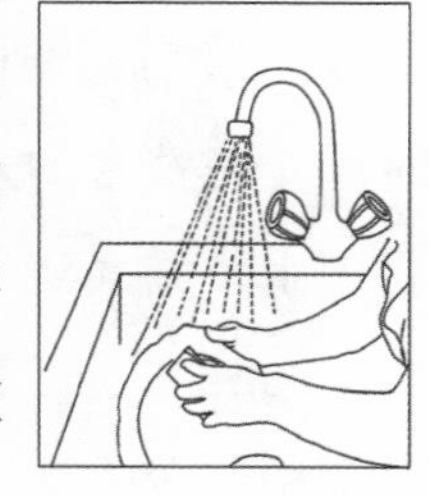

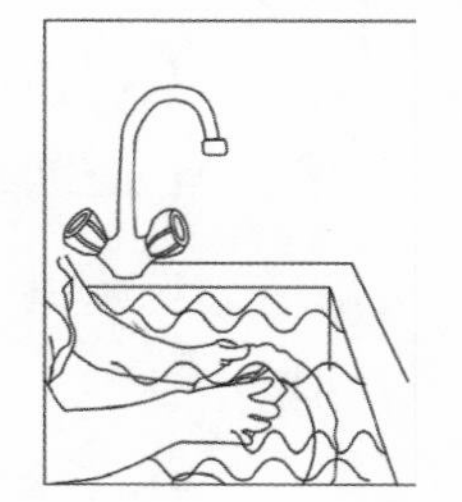

选购“四个钩”洗衣机

据统计，洗衣占一个普通家庭用水量的19%。选购能源效率“四个钩”的洗衣机，有助节省52.5升的用水，同时也能为你省下不少钱。

不随意倾倒生活垃圾，从源头净化水源

节水倡议

（1）爱护供水管网和用水设施，减少水的漏失，发现水管有漏水现象，马上向有关部门反映。

（2）尽量使用脸盆洗脸、洗手；在没有脸盆、水杯情况下，洗脸、洗手、刷牙时，请控制水龙头开关大小，并及时断水。

（3）洗澡时，间断放水沐浴，洗好应及时关水。

（4）及时制止浪费水的现象。

（5）绿化用水及路面浇灌做到定时开关，合理用水。

（6）有效利用部分生活废水，如洗菜水、淘米水等均可重复使用。

（7）宣传节约用水，做到身体力行，带动身边的人共同参与节约用水。

（8）节约用水、珍惜水资源，别让我们的眼泪成为最后一滴水！

绿化用水及路面浇灌做到定时开关，合理用水

划定饮用水水源保护区，减少对饮用水的污染

为保障人民的身体健康和经济建设发展，必须保护好饮用水水源。

《饮用水水源保护区污染防治管理规定》

第二章　饮用水地表水源保护区的划分和保护

第十一条　饮用水地表水源各级保护区及准保护区内均必须遵守下列规定：

一、禁止一切破坏水环境生态平衡的活动以及破坏水源林、护岸林、与水源保护相关植被的活动。

二、禁止向水域倾倒工业废渣、城市垃圾、粪便及其他废弃物。

三、运输有毒有害物质、油类、粪便的船舶和车辆一般不准进入保护区，必须进入者应事先申请并经有关部门批准、登记并设置防渗、防溢、防漏设施。

四、禁止使用剧毒和高残留农药，不得滥用化肥，不得使用炸药、毒品捕杀鱼类。

第十二条　饮用水地表水源各级保护区及准保护区内必须分别遵守下列规定：

一、一级保护区内

禁止新建、扩建与供水设施和保护水源无关的建设项目；

禁止向水域排放污水，已设置的排污口必须

拆除；

不得设置与供水需要无关的码头，禁止停靠船舶；

禁止堆置和存放工业废渣、城市垃圾、粪便和其他废弃物；

禁止设置油库；

禁止从事种植、放养畜禽和网箱养殖活动；

禁止可能污染水源的旅游活动和其他活动。

二、二级保护区内

禁止新建、改建、扩建排放污染物的建设项目；

原有排污口依法拆除或者关闭；

禁止设立装卸垃圾、粪便、油类和有毒物品的码头。

三、准保护区内

禁止新建、扩建对水体污染严重的建设项目；改建建设项目，不得增加排污量。

雨污分流

为避免污水对河道、地下水造成污染，便于雨水收集利用和集中管理排放，降低水量对污水处理厂的冲击，保证污水处理厂的处理效率，进一步改善水质，雨污分流便是极为重要的一步。

雨污分流是一种排水体制，是指将雨水和污水分开，各用一条管道输送，进行排放或后续处理的排污方式。雨水可以通过雨水管网直接排到河道，污水需要通过污水管网收集后，送到污水处理厂进行处理，水质达标后再排到河道里，这样可以降低河道污染。

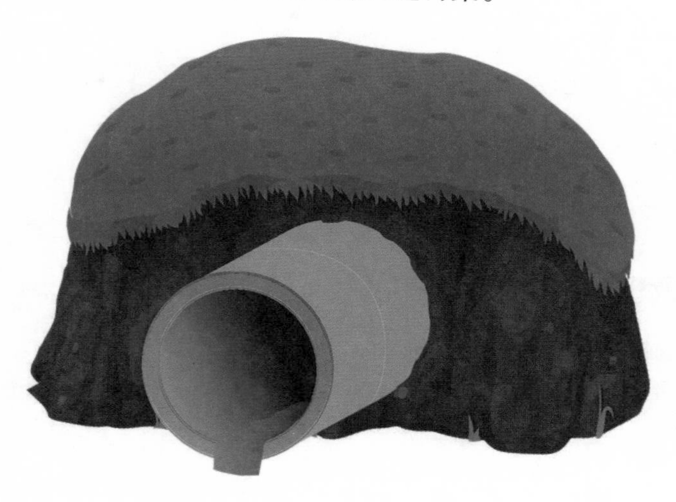

农业生产爱水节水

节水农业——节水灌溉

★田间地面灌水

改土渠为防渗渠输水灌溉，可节水 20%。推广宽畦改窄畦，长畦改短畦，长沟改短沟，控制田间灌水量，提高灌水的有效利用率，是节水灌溉的有效措施。

★管灌

利用低压管道（埋没地下或铺设地面）将灌溉水直接输送到田间，常用的输水管多为硬塑管或软塑管。该技术具有投资少、节水、省工、节地和节省能耗等优点。与土渠输水灌溉相比管灌可节水 30% ~ 50%。

★微灌

有微喷灌、滴灌、渗灌和微管灌等。是将灌水加压、过滤，经各级管道和灌水器具灌水于作物根系附近，微灌属于局部灌溉，只湿润部分土壤。对部分密播作物适宜。微灌与地面灌溉相比，可节水80% ~ 85%。微灌与施肥结合，利用施肥器将可溶性的肥料随水施入作物根区，及时补充作物所需的水分和养分，增产效果好。微灌一般应用于大棚栽培和高产高效经济作物上。

★喷灌

是将灌溉水加压，通过管道，由喷水咀将水喷洒到灌溉土地上。喷灌是目前大田作物较为理想的灌溉方式，与地面输水灌溉相比，喷灌能节水50% ~ 60%。但喷灌所用管道需要能承受较高压力，设备投资较大、能耗较大、成本较高，适宜在高效经济作物或经济条件较好、生产水平较高的地区应用。

★关键时期灌水

在水资源紧缺的条件下，应选择作物一生中对水最敏感，对产量影响最大的时期灌水。如禾本科作物拔节初期至抽穗期和灌浆期至乳熟期，大豆的花芽分化期至盛花期等。

节水农业——节水抗旱栽培措施

★选用抗旱品种

被称为作物界骆驼的花生等作物抗旱性强，在缺水旱作地区应适当扩大种植面积。同一作物的不同品种间抗旱性也有较大差异。

★增施有机肥

可降低生产单位产量用水量，在旱作地上施足有机肥可降低 50% ~ 60% 用水量，在有机肥不足的地方要大力推行秸秆还田技术，提高土壤的抗旱能力。合理施用化肥，也是提高土壤水分利用率的有效措施。

★防旱保墒

用中耕和镇压保蓄土壤水分。

节水农业——主要的农业节水措施

★集雨补灌技术

针对前期雨水充沛，地表径流强烈，山塘、水库少，蓄水困难和耕地相对分散等特点，依山就势，选择耕地附近雨水汇聚的地方，修建蓄水池窖，收集前期降水，用于后期季节性干旱补充灌溉。集水池窖容积为 10 ~ 25 立方米。建设程序包括地址选择、土方开挖、混凝土材料构建并配套引水沟、沉沙地、跌水凼以及灌溉、窖盖或围栏等设施。

★秸秆与地膜覆盖技术

包括三个方面的技术内容：一是秸秆覆盖技术。有保持土壤孔隙，增加土壤自身积持水分的能力，同时积聚降水，减少蒸发、压制杂草、降低耗水，从而提高抗旱能力。二是地膜覆盖技术。有保持水土、减少蒸发，提早作物成熟季节，降低耗水等功能。三是作物覆盖。通过采取轮、套、间作技术，使土地时刻处于作物覆盖保护之下，防止雨滴直击土壤，保持土层的稳定，增强土壤保土保水功能。

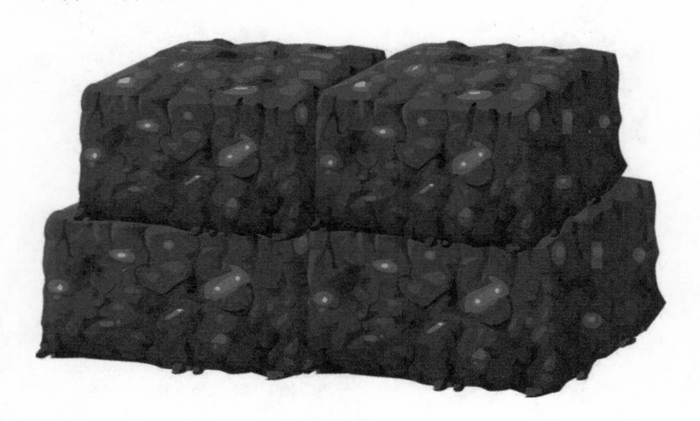

★深沟擦壕与等高种植技术

对坡度在 10° ~ 25° 的坡耕地，根据种植作物株型和根系分布特点，进行深沟擦壕，分层埋肥，既能蓄积雨水，防止水土流失，又有利于作物根系伸展、下扎。在此基础上，做到梯面外高内低，配套梯埂，实行等高种植，避免或降低雨水冲刷引起的水土流失。

★坡地生物篱（埂）技术

生物篱是在坡面或梯地上沿等高线成带状栽植植物材料，形成篱状植物带。其目的是利用藤本植物根系发达、匍匐力强的生物特性，通过营造带状生物篱对地面径流进行拦截，降低流速，减轻对土壤的冲刷，提高土壤保水蓄水能力，同时形成一定的经济效益。

★蓄水聚肥技术

通过采取增施有机肥，冬种绿肥，测土配方平衡施肥等技术，全面培肥土壤。提高土壤自身吸水、持水、蓄水能力，充分发挥“土壤水库”的功能。

★避旱种植技术

通过选育抗旱早熟高产良种，适当提早播种，温室（温床）育苗、提早移栽，带土或蘸根移栽，促进作物早生快发，使作物需水高峰期避开该地区从7月份开始的规律性、季节性伏秋干旱，实现丰产稳产。

★生化调控技术

主要是推广使用抗旱保水剂，提高土壤、作物抗旱能力，实现节水增收。

★管灌及滴灌技术

利用集雨窖水的重力作用在田面铺设管道，进行自流与滴漏灌溉。既降低劳动强度，又减少水分在地面输送过程中的损耗。

★田间设施

田间沿汇水线选择地形平缓地带修建蓄水窖池和沉沙池，配套相应的避洪引水设施，积蓄前期降水，用于后期抗旱保收。

★作物布局

根据立地条件，作物种植以水果为主，粮、菜为辅，通过修建和完善集雨蓄水窖（池）和沉沙池，提高田间雨水蓄积利用能力。并通过土壤墒情监测，对比试验等方法获得不同作物实行集雨节水种植技术的基础数据。

★抗旱补灌

7 月底以前，一般自然降水可以满足果树需水要求，从 7 月底开始至 11 月，为项目区规律性的缺水干旱期，又是水果等作物需水高峰期。在这一期间，根据旱情，通过水窖蓄水补充灌溉 3 ~ 4 次，可同时解决用药、抗旱时远距离背水等问题。

规范养殖场

养殖场一般都是以地下水为水源，自设供水系统。供水方式可分两种，一是各用水点分别由水源取水的分散式给水，除小规模饲养外，规模化养殖场很少采用；二是统一由水源取水，净化处理后通过配水管网送至各用水点的集中式给水。

无论何种供水都必须加强水源的保护，防止养殖户将禽畜粪污偷运偷排。

●在水源周围 100 米以内，严禁捕捞、网箱养殖、停靠船只、游泳和从事其他可能污染水源的任何活动。

●取水点上游 1000 米至下游 100 米的水域不得排入工业废水和生活污水；其沿岸防护范围内不得堆放废渣，不得设立有毒、有害化学物品仓库、堆栈，不得设装卸垃圾、粪便和有毒、有害化学物品的码头，不得使用工业废水或生活污水灌溉及施用难降解或剧毒的农药，不得排放有毒气体、放射性物质，不得从事放牧等有可能污染该水域水质的活动。

●以河流为给水水源的集中式供水，由供水单位及其主管部门会同卫生、环保、水利等部门，根据实际需要，可将取水点上游1000米以外的一定范围河段划为水源保护区，严格控制上游污染物排放量。

●养殖场自身要注重对水源的保护。不得堆放废弃物，并严禁设废水渗水坑、井；避免畜禽废弃物、养殖场污水直接排入江河；还应不断加强对取水、净化、蓄水、配水和输水等设备的管理，建立行之有效的放水、清洗、消毒、检修等制度及操作规程，以保证供水质量。

●规范水库养殖行为，禁止人为设置阻洪设施，也是确保水库安全度汛和农田灌溉用水的重要保证。

工业生产爱水节水

●设备：采用能够节约用水的生产方法及设备，将水循环使用。

●水量：计算每个生产单位所需的水量，设立查验措施，控制耗水量。

●水管：设法缩短热水管，将冷水管迁离蒸汽管及其他发热的地方。

●水压：降低水压。

●供水系统：定期检查隐蔽水管，以防漏损，检查内部供水系统。修理有问题的水箱、水龙头及其他的供水设施。

●水循环：将水循环使用，作冷却用的水通过回冷凝器或换热器使用。作冲洗用的水，贮存并以清水加以冲淡利用。用冷凝法将蒸汽使用。

●回收利用：利用废水作次要的用途，部分曾经用过的水可作冷却用途。废水可作清洗楼梯、地板、仓库及装卸场地等。

●排水：避免不必要的排水、冲洗及溢水情形。在洗濯罐、缸、搅拌器及其他器皿时，确保内里物品已倾倒净尽。降低冲洗及洗涤器的水位，避免水在操作期间溢出。使用反向对流的洗涤或清洗方法。供水系统在夜间及假期应予关闭。利用海报等宣传媒介教育职工珍惜用水。

护水监督员

发现污染水资源等行为向哪个部门举报

河道污染找哪个部门投诉？

●一般程度的污染问题由辖区环保局受理，遇到严重的环境污染问题，可直接向“12369”市指挥中心举报。

●属于环保部门管辖范围内的，如果属于市本级的，则由市本级处理；如果属于某区的，则转交给该区环保部门处理。

●城市下水道等市政管网设施向水体排放的废水由市政部门受理。

●渔业水体污染事故由渔政部门受理。

●船舶造成的水污染事故由海事部门受理。其他的水环境污染属于环保部门的受理范围。

遇到饮用水污染，一般来说都是先找当地的环保局相关环保部门进行举报，另外也可以找当地的卫生防疫部门进行反映。

“12369”是环境保护的举报热线，根据中华人民共和国环境保护部《环保举报热线工作管理办法》规定：“公民、法人或者其他组织通过拨打环保举报热线电话，向各级环境保护主管部门举报环境污染或者生态破坏事项，请求环境保护主管部门依法处理。”

污染水资源如何处罚

故意污染水源，造成环境污染严重的，会判处3年以下的有期徒刑或者拘役，以及并处或者单处罚金的处罚；造成环境污染特别严重的，判处3年至7年的有期徒刑，以及并处罚金的处罚。

法律依据：《中华人民共和国刑法》

第三百三十八条　违反国家规定，排放、倾倒或者处置有放射性的废物、含传染病病原体的废物、有毒物质或者其他有害物质，严重污染环境的，处三年以下有期徒刑或者拘役，并处或者单处罚金；情节严重的，处三年以上七年以下有期徒刑，并处罚金；有下列情形之一的，处七年以上有期徒刑，并处罚金：

（一）在饮用水水源保护区、自然保护地核心保护区等依法确定的重点保护区域排放、倾倒、处置有放射性的废物、含传染病病原体的废物、有毒物质，情节特别严重的；

（二）向国家确定的重要江河、湖泊水域排放、倾倒、处置有放射性的废物、含传染病病原体的废物、有毒物质，情节特别严重的；

（三）致使大量永久基本农田基本功能丧失或者遭受永久性破坏的；

（四）致使多人重伤、严重疾病，或者致人严重残疾、死亡的。有前款行为，同时构成其他犯罪的，依照处罚较重的规定定罪处罚。

林

守护地球之肺
人种树
树养人
人致富

爱林护林

不乱砍滥伐，砍树人变看树人

●树立绿色文明观念，把个人环保行为视为个人文明修养的组成部分，珍惜别人劳动成果、树立平安的思想意识。

●严禁烧荒、烧地埂，偷伐等行为，严控闲杂人员携带火种上山入林。

●劝解进入满山点火的群众，严格控制火源，防止随意烧香引发林火。

●对破坏树木的偷窃的，尤其是引发火灾的行为，应主动上前劝阻。

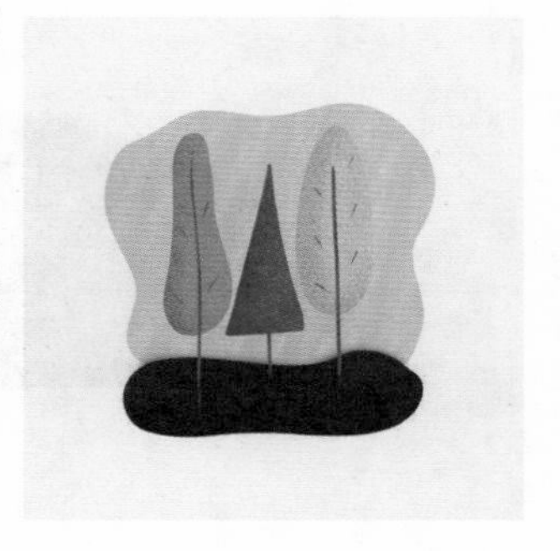

●一旦发现火情苗头，希望大家迅速进行扑救，同时报告县森林防火办。

●要节约使用一次性筷子、柴、纸张等物品，这样可以减少树木的消费量与砍伐量，从而保护树木不被乱砍滥伐。

封山育林

●成本低，绿化速度快。很多山区或半山区人力、资金短缺，若全靠人工造林，显然是无能为力。封山育林可大大加快绿化速度。

●利用期早，收效快。封禁后利用期比砍掉重造要早得多，出效益也快。

●有利于保护物种资源。育林不破坏植被，既可保护原有的树种资源，又能形成混交林，是保护珍稀树种和生物多样性的重要途径。

●可以减少森林病虫害。封山育林使林分结构、林内气候改善，有利于天敌繁殖，不利于病虫孳生发展，特别是对控制分布最广的松毛虫危害有重要作用。

退耕还林

将易造成水土流失的坡耕地有计划、有步骤地停止耕种，按照适地适树的原则，因地制宜地植树造林，恢复森林植被。

植树造林

植树造林不仅可以绿化和美化家园，同时还可以起到扩大山林资源、防止水土流失、保护农田、调节气候、促进经济发展等作用。是一项利于当代、造福子孙的宏伟工程。

森林防火

森林火灾的起因主要有两大类：人为火和自然火。

●生产性火源：农、林、牧业生产用火，林副业生产用火，工矿运输生产用火等。

●非生产性火源：如野炊，做饭，烧纸，取暖等。

●故意纵火：燃烧干草，燃放烟花爆竹等。

在人为火源引起的火灾中，以开垦烧荒、吸烟等引起的森林火灾最多。在我国的森林火灾中，由于炊烟、烧荒和上坟烧纸引起的火灾占了绝对数量。

预防森林火灾的方法

●不带火种进山。

携带火种进入森林，稍加不慎就会引发森林火灾，切记入林前要检查清楚！

●不在林区吸烟。

一个未熄灭的烟头，足以点燃整片森林，不要小瞧了随手乱扔的一个烟头，更不能抱有侥幸心理！

●不在山上野炊。

烤制的食物的确香喷喷，但也能让森林变得黑漆漆，一旦处理不当，我们的生态环境便要遭殃！

●不在林区内上香、烧纸。

烧纸上香虽然寄托了你对逝去的人的思念，但会导致森林火灾的发生，不经意间就是一场无法挽回的灾难。

●不在林内放火驱赶动物。

野生动物怕火，但森林更加怕火，小心在驱赶野生动物的同时引起森林火灾，把自己置身于危险境地。

●不炼山烧荒。

烧荒等获得的草木灰是一种肥料，但烧荒是一种危险行为，稍有不慎跑了火，后果不可想象。

●不在林区打火把照明。

不准在林内用火照明，一支电筒要比一根火把更实用，同时也不会引发森林火灾。

●不在林内生火取暖。

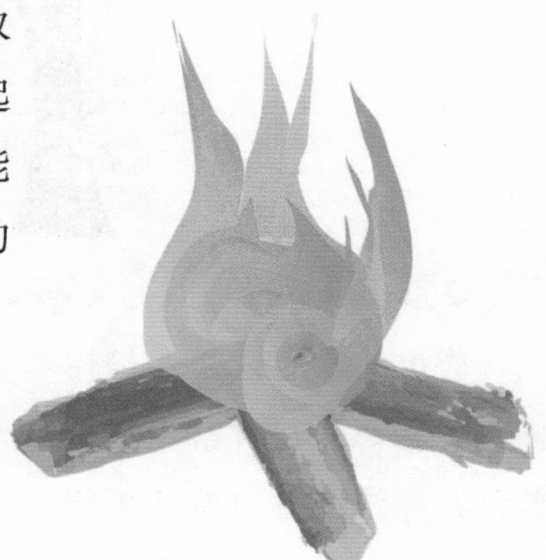

不准在林内生火取暖和烤衣服，在林区升起的每一簇小火苗，都可能是伤害绿色生态环境的杀手。

保护植物：护林（树）10法

●禁止乱砍滥伐。

禁止乱砍滥伐是保护树木的方法之一，在日常生活中，要大力宣传保护自然的思想，并相互进行监督。可在名贵的树木周围设立保护牌以及保护栏，避免遭到破伤。

●包裹稻草。

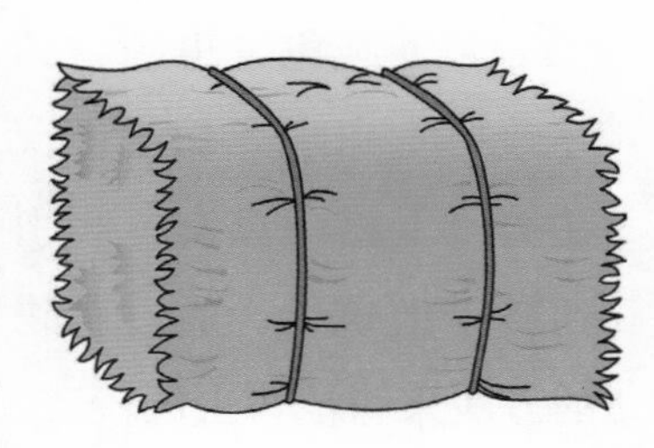

在冬季低温环境下，为了避免树木遭受冻伤，可使用稻草将树干包裹起来，并用草绳均匀的缠绕，以免强风将稻草吹散。包裹后能减少昼夜温差，有效地避免树干出现开裂受损的情况。

●涂白。

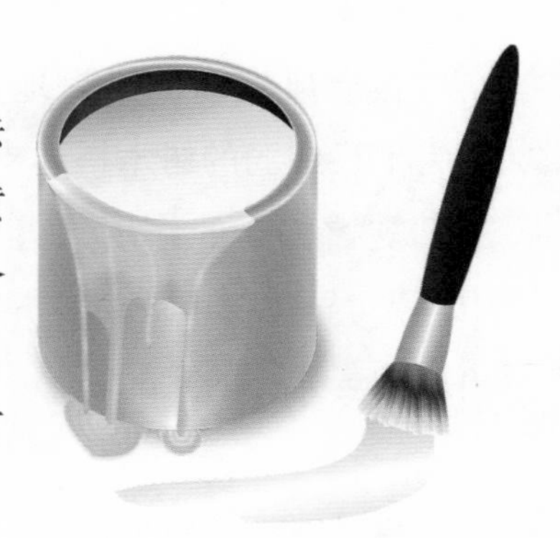

树木还可采取涂白的方法进行保护，可将生石灰、硫黄粉、食盐、食用油、清水混合均匀后，涂抹在主干和侧枝上，使涂白剂渗透到皮缝中，能有效地起到防虫的效果。

●浇灌封冻水。

为了避免树木受损，在冬季气温降至5℃左右时，需浇灌一次封冻水，以提高植株的抗寒性。注意浇灌完封冻水后不要再进行浇水，以免树木的根系被冻伤。

●搭建鸟窝。

为了避免害虫啃食树干，导致树木出现死亡的情况，可在树干上搭建鸟窝，吸引鸟儿到树干上筑巢，通过生物防控的方法来防治害虫的侵袭。

●支撑加固。

在台风较多的沿海地区，须为生长细弱的树木搭建支架，起到支撑树干的作用，避免风力过大，导致树木被拦腰折断，出现枯萎死亡的状况。

●及时切断感染源。

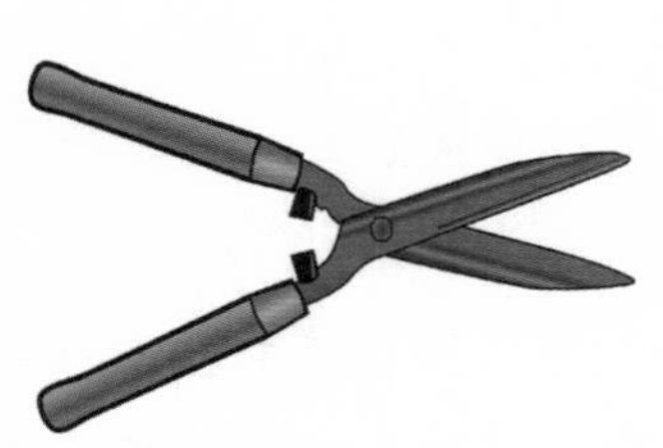

在树木生长过程中受到病害的侵袭后，需及时使用消毒后的锋利剪刀，修剪掉患病的部位，并往伤口处涂抹稀释后的多菌灵溶液进行消毒，使树木尽快恢复健康。

●尽早移栽。

对树木进行育苗的过程中，在树出苗后，需尽早进行移栽。能有效地延长树木的生长期，使树干生长得更为粗壮，抗病性也会大大增强，能减少病害的侵袭。

●节约资源。

大多数一次性用品和纸巾都是由树木所制成的，在日常生活中可减少使用一次性的木制品以及纸巾，做到节约用纸，避免浪费，就能间接性的起到保护树木的作用。

●喷洒药剂。

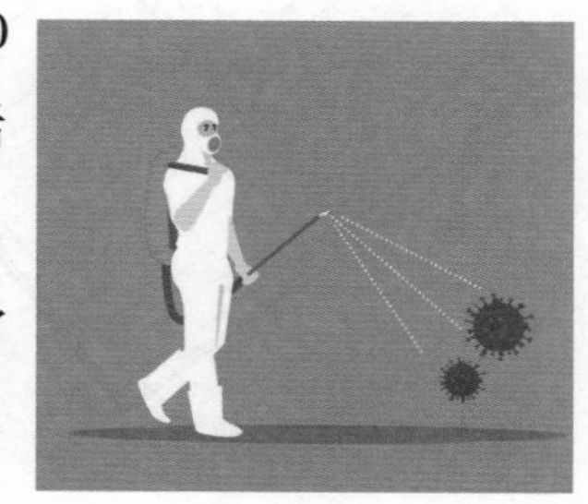

在北方每年9月，南方10月份至树木落叶前，需喷施快活林药剂，加快树木木质化的速度，促进养分的积累，提高植株自身的抗寒性。可在秋季树木落叶前，每隔7 ~ 10天喷洒一次。

护林小贴士

●节约用纸。

你可能并没有直接砍伐森林，但你是否想过，木材是造纸的主要原料，浪费纸张就等于加入了砍伐森林的行列。珍惜纸张就是在珍惜我们的森林资源。请不要随便扔掉白纸，充分利用每一张纸。

用过一面的纸可以翻过来做草稿纸、便条纸，或自制成笔记本使用；过期的挂历可用来包书皮。

拒绝接受那些随处散发的无用的宣传纸。制造这些宣传物既会大量浪费纸张，又会因为随处散发、张贴而破坏市容卫生。

●使用再生纸。

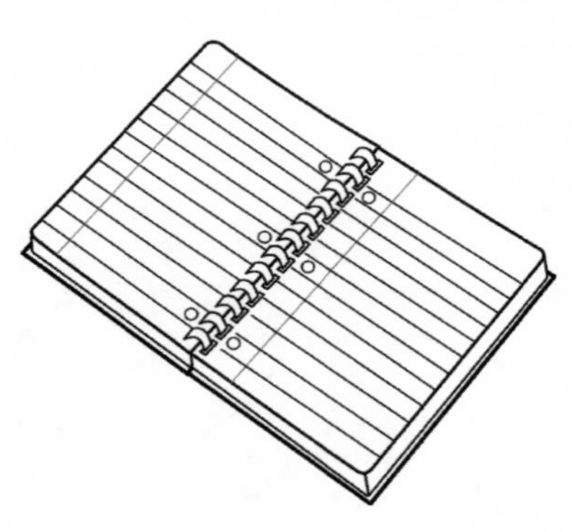

在很多国家，使用再生纸已成为时尚，人们以出示印有“再生纸制造”的名片为荣，以表明自己的环境意识和文明教养。有很多公司也规定一律使用再生纸做办公用纸。

●多用电子文档，少用纸质文件。

●不用一次性筷子。

拒绝一次性筷子。生产和使用木制一次性筷子客观上消耗了大量木材资源，特别是木制一次性筷子属于一次性消费，既造成木材资源的浪费，还对环境造成了污染。

护林监督员

发现破坏森林等行为向哪个部门举报

国土局全国统一举报电话“12336”。

对滥伐林木罪的举报方法有：

●向森林公安举报：拨打当地森林公安电话，陈述事件原委。

●向本地公安局举报：并提供相应证据。

●此外，还可以拨打举报电话、投递举报信件以及来访举报。

破坏森林如何处罚

根据我国相关法律规定，有以下情形之一的都均为非法砍伐属于较严重违法行为：

（一）肆意破坏或砍伐保护树木 2 棵以上或者导致死亡 3 棵以上的。

（二）肆意破坏或砍伐保护树木 2 立方米以上的。

(三)非法组织并且策划、指挥非法砍伐或者肆意毁坏珍贵树木的。

(四)其他情节严重的情形。

根据我国相关法律规定，有以下情形之一，肆意破坏盗取砍伐树木数量较大的，以盗伐林木罪定罪处罚。

(一)未经政府单位或他人允许，擅自肆意破坏和偷伐非个人所有的或者国家、他人承包管理区域的林木。

(二)未经单位或他人允许，擅自肆意破坏和偷砍伐所属单位或者他人自己承包经营林木区域的林木。

(三)在政府机关单位颁发的许可证规定的地点以外肆意破坏和偷砍伐国家、集体或者他人承包管理的林木。

法律依据：《中华人民共和国刑法》

第三百四十五条　盗伐森林或者其他林木，数量较大的，处三年以下有期徒刑、拘役或者管制，并处或者单处罚金；数量巨大的，处三年以上七年以下有期徒刑，并处罚金；数量特别巨大的，处七年以上有期徒刑，并处罚金。

违反森林法的规定，滥伐森林或者其他林木，数量较大的，处三年以下有期徒刑、拘役或者管制，并处或者单处罚金；数量巨大的，处三年以上七年以下有期徒刑，并处罚金。

人的命脉在田
共守生息沃土
吃上生态饭

节约使用耕地

●禁止破坏耕地。

●禁止在基本农田上挖塘养鱼和发展林果业。

●制止闲置、荒芜耕地的行为。

闲置耕地是指依法取得建设用地使用权占用耕地后，未能及时按照批准的或土地使用权出让合同约定的用途加以利用，或土地利用率未达到规定要求致使耕地被占用后处于未被利用或利用不充分的状态。荒芜耕地是指土地具备耕种条件而土地使用者故意不进行耕种。

保护土壤，避免土壤质量变差

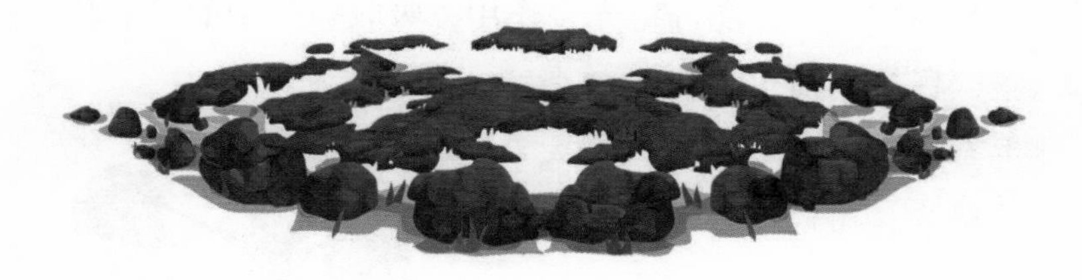

保护土壤的措施

●合理使用化肥。

需严格控制有毒化肥的使用范围、用量和频率。过多地使用化肥，会导致土壤板结僵硬，从而使得土壤质地变差，影响农作物生长。

●合理使用农药。

需要重视开发高效、低毒、低残留的农药。合理使用农药可以减少对土壤的污染，最大限度地发挥农药的积极效能。

●使用化学改良剂。

保护土壤时，可向土壤中施加化学改良药剂，将土壤中的重金属转化成难以溶解的化合物，如使用石灰、硫化物、碳酸盐等。

●植物对土壤是有保护作用的，植物的根部比较发达，可以紧紧扎在土壤里面，固定住土壤，防止水土流失。并且植物的叶片能进行光合作用，吸收空气中的二氧化碳，释放出氧气，促进整个生态系统的循环。有些高大的植物，树冠部分非常的广阔，能帮土壤抵抗住雨水的冲刷，避免土壤被破坏。所以生活中需要保护植物，合理地种植植物。

改良土壤的方法

●改良土壤的疏松度。

可以向土壤中混入珍珠岩、粗砂等基质，提高土壤的排水透气性。

●改良土壤的肥力。

可以向土壤中混入有机肥、缓释肥等肥料，提高土壤的肥力。多施用有机肥，还能缓慢改良土壤的疏松度。

●改良土壤的酸碱度。

可以向土壤中掺入硫黄粉，平时浇灌矾肥水、果皮水，降低土壤 pH 值，使土壤变酸性。

 日常生活中防治土壤污染的方法

●进行垃圾分类，不乱丢垃圾，不乱抛弃废旧电器，减少白色污染。

●尽量使用可循环或可降解的材料包装。

●不随意取土，多种植树木。

●减少生活污水排放。

●节能减排，绿色出行，减少能源消耗与污染物排放。

●减少与污染场地接触，提高自身防护。

农业生产中防治土壤污染的方法

●采取有利于防止土壤污染的种养结合、轮作休耕等农业耕作措施。

●采取土壤改良、土壤肥力提升等有利于土壤养护和培育的措施。

●建设畜禽粪便处理、利用设施。

●使用低毒、低残留农药以及先进喷施技术。

●使用符合标准的有机肥、高效肥。

●采用测土配方施肥技术、生物防治等病虫害绿色防控技术。

●使用生物可降解农用薄膜。

●综合利用秸秆，移出高富集污染物秸秆。

●按照规定对酸性土壤等进行改良。

●回收农业投入品包装废弃物和农用薄膜。

护田监督员

发现破坏耕地、土壤等行为应向哪个部门举报

破坏耕地应该向当地政府或上级政府的土地管理部门举报，或者拨打“12336”电话进行举报。

破坏农用地如何处罚

法律依据：《中华人民共和国刑法》

第四百一十条　非法占用基本农田 5 亩（1 亩 ≈ 666.7 平方米）以上或者非法占用基本农田以外的耕地 10 亩以上的，构成非法占用耕地罪。

第三百四十二条　违反土地管理法规，非法占用耕地、林地等农用地，改变被占用土地用途，数量较大，造成耕地、林地等农用地大量毁坏的，处五年以下有期徒刑或者拘役，并处或者单处罚金。

第三百四十六条　单位犯本节第三百三十八条至第三百四十五条规定之罪的，对单位判处罚金，并对其直接负责的主管人员和其他直接责任人员，依照本节各该条的规定处罚。

湖

护地球之肾
守大地明珠

保护湖泊，守护湿地

固湖，防止坍塌

●保护河湖湿地周边土壤。

●保护河湖湿地周边植物。

爱湖、护湖，防止河湖湿地污染

●不往河湖扔垃圾：包括生活垃圾、生物垃圾、医疗垃圾等。

●不向河湖排放动物粪便。

●不往河湖排放废水。

●定期清理河湖垃圾。

●河湖边设置提示语。

●保护湖泊生物多样性。

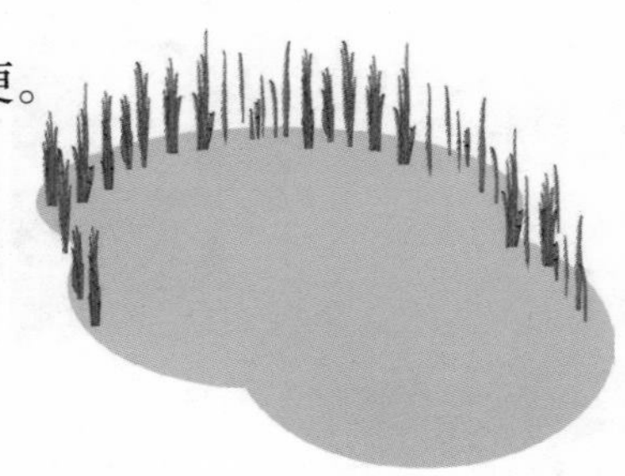

护湖监督员

发现破坏湖泊、湿地等行为应向哪个部门举报

在全国各地发现污染环境和破坏生态的行为都可以拨打“12369”免费电话，向当地环保部门举报，投诉。

依据《环保举报热线工作管理办法》第二条

公民、法人或者其他组织通过拨打环保举报热线电话，向各级环境保护主管部门举报环境污染或者生态破坏事项，请求环境保护主管部门依法处理的，适用本办法。

环保举报热线应当使用“12369”特服电话号码，各地名称统一为“12369”环保举报热线。

监督举报受理范围

（一）围垦湖泊；未经批准围垦河道；侵占水域、滩地；种植阻碍行洪的林木及高秆作物。

（二）未经许可或不符合许可要求在河湖管理范围内采砂，在禁采区、禁采期采砂。

（三）在河湖管理范围内倾倒、填埋、贮存、堆放建筑垃圾、生活垃圾、工业垃圾以及其他废弃物等；弃置、堆放阻碍行洪的物体。

（四）未经有关部门许可，在河湖管理范围内建设跨河、穿河、穿堤、临河的桥梁、码头、道路、渡口、管道、缆线、排水等工程设施；修建阻碍行洪的建筑物、构筑物。

（五）违法排污、超标排污、电鱼毒鱼炸鱼捕鱼、破坏航道等。

（六）其他影响河湖面貌、损害河湖生态环境的问题。

破坏湖泊、湿地生态环境如何处罚

法律依据：《中华人民共和国湿地保护法》

第三条　湿地保护应当坚持保护优先、严格管理、系统治理、科学修复、合理利用的原则，发挥湿地涵养水源、调节气候、改善环境、维护生物多样性等多种生态功能。

1. 按照违法占用湿地的面积，处每平方米一千元以上一万元以下罚款；违法行为人不停止建设或者逾期不拆除的，由作出行政处罚决定的部门依法申请人民法院强制执行。

2. 建设项目占用重要湿地，未依照本法规定恢复、重建湿地的，由县级以上人民政府林业草原主管部门责令限期恢复、重建湿地；逾期未改正的，由县级以上人民政府林业草原主管部门委托他人代为履行，所需费用由违法行为人承担，按照占用湿地的面积，处每平方米五百元以上二千元以下罚款。

3. 开（围）垦、填埋自然湿地的，由县级以上人民政府林业草原等有关主管部门按照职责分工责令停止违法行为，限期修复湿地或者采取其他补救措施，没收违法所得，并按照破坏湿地面积，处每平方米五百元以上五千元以下罚款；破坏国家重要湿地的，并按照破坏湿地面积，处每平方米一千元以上一万元以下罚款。

呵护地球的皮肤

保护草原植被

★退牧还草

★转变草原畜牧业生产方式

★人工种草

★实行草畜平衡制度

★推行划区轮牧、休牧和禁牧

★加大草原鼠虫害防治力度

★运用生物防治技术防止草原环境污染

★积极推行舍饲圈养方式

★加强天然草原和牲畜品种改良，提高牲畜的出栏率和商品率

★实行草田轮作，推广秸秆养畜过腹还田技术

★引进草原新技术和牧草新品种

护草监督员

发现破坏草原植被等行为应向哪个部门举报

草原被破坏，可以向县级人民政府草原主管部门或者乡镇人民政府投诉。

破坏草原生态环境如何处罚

★非法开垦破坏草原

对非法开垦基本草原在20亩以下的，处5000元以上5万元以下罚款；开垦20亩以上，构成刑事责任的，移交司法机关处理，按照有关规定以非法占用农用地罪论处，处5年以下有期徒刑或者拘役，并处或者单处罚金。同时当事人必须限期恢复植被。

已开垦的草原，在承担相应法律责任的同时，必须采取有效措施限期全部还草。对拒不恢复或恢复标准不符合国家标准的，由主管部门强制代为还草，所需费用由开垦者承担。

★非法占用和改变草原用途

未经批准，在草原上挖沙、取土、垫地等擅自改变基本草原用途的，按照《内蒙古自治区基本草原保护条例》规定，每亩处1000元以上5000元以下的罚款；擅自挖鱼塘、挖沟渠、挖草炭、剥草皮的，处以每亩5000元以上1万元以下的罚款。同时当事人必须限期恢复植被，情节严重的，按照有关规定移交司法机关处置。

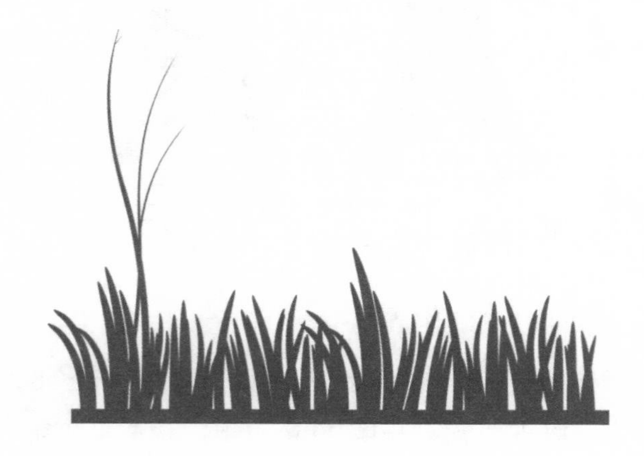

土地荒漠化
——地球癌症

防止土地荒漠化

★保护现有植被，加强林草建设，通过植树造林促进生态自然修复

★实行封禁保护

★因地制宜采取工程、生物措施相结合，乔灌草相结合

★选用耐干旱、耐瘠薄、抗风沙的树种和草种

★营造防风固沙林网、林带，及防风固沙沙漠锁边林草带等

★适度发展沙产业，增加农牧民收入，促进区域经济发展

★发展保护性耕作

★秸秆还田，涵养水源

荒漠化治理措施

●加强耕地保护，加强耕地质量监测。以水土流失面、植物凋落面为主体，采取护坡、荆棘篱笆、草地修复、树种更新等措施，保护耕地水坡、土壤。

●建立耕地坡度(及草地修复)的管理体制，采取挖口、护坡等措施，防止水土流失，减少土地荒漠化。

●开展防护植被作业，采取植物种植、驯养、杂草除草等措施，恢复生态，维护生物多样性及岩溶破碎带植被覆盖。

●开展林业护理，采取除草播种、苗木种植、清林造林、森林修复等措施，改善植物生长环境。同时增加植被覆盖率，减少风沙侵袭。

●加强水资源管理，规范农田灌排，挖沟引水，动态调节水量，防止水资源浪费。

●积极改善地质环境，保障土壤机械特性与水分含量的稳定，促进地表植被的生长，控制土壤风蚀。

●开展荒漠生物恢复技术，采取矿石粉末撒布、禽畜牧养等措施，促进生物重建，改善荒漠生态环境。

护沙监督员

在荒漠、半荒漠和严重退化、沙化、盐碱化、石漠化、水土流失严重的草原，以及生态脆弱区的草原上采挖植物或者从事破坏草原植被的其他活动的，由县级以上地方人民政府草原行政主管部门依据职权责令停止违法行为，没收非法财物和违法所得，可处违法所得一倍以上五倍以下的罚款；没有违法所得的，可处五万元以下的罚款；给草原所有者或者使用者造成损失的，依法承担赔偿责任。

法律依据：《中华人民共和国草原法》

第六十六条　非法开垦草原，构成犯罪的，依法追究刑事责任；尚不够刑事处罚的，由县级以上人民政府草原行政主管部门依据职权责令停止违法行为，限期恢复植被，没收非法财物和违法所得，并处违法所得一倍以上五倍以下的罚款；没有违法所得的，并处五万元以下的罚款；给草原所有者或者使用者造成损失的，依法承担赔偿责任。

冰

冰天雪地也是金山银山

雪域高原的冰雪是资源，也是独特的自然生态系统不可分割的一部分。要坚持保护优先，坚持山、水、林、田、湖、草、沙、冰一体化保护和系统治理，加强重要江河流域生态环境保护和修复，统筹水资源合理开发利用和保护，守护好这里的生灵草木、万水千山。

保护冰川

●不要在冰川地貌上丢任何垃圾。做好垃圾分类，让垃圾被科学处理可以在一定程度保护冰原环境。

冰川地貌生态圈十分脆弱，几乎没有什么生物。如果乱丢垃圾，在冰川是无法被分解的，也很难清理。这样就会破坏冰川地貌。

●保护高山流水和湖泊。

冰川地貌的冰的来源是这些湖泊，如果湖泊被破坏，冰川地貌将也会被破坏。

●使用新能源，如：风力发电、太阳能发电。

●在日常生活中尽量少开车，多乘坐公共交通工具，绿色出行。这样可以有效地减少空气中的二氧化碳的含量，减缓温室效应。

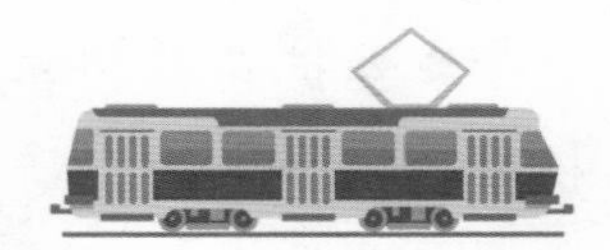

●节约用水，让水资源得到合理利用。比如用淘米水浇花、洗衣服的水用来冲厕所等。

●少开空调，节约用电，减少大气污染。

●氟会破坏臭氧层，因此在购买家电，如冰箱，空调时，尽量选择无氟型电器。

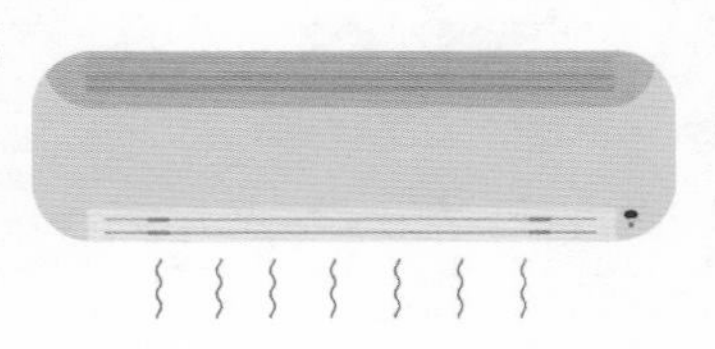

●爱护花草树木，保护植被。

●植树造林。植树造林是造福千秋万代的事情。也是吸收空气中二氧化碳最有效的手段，所以植树造林也是我们力所能及为减缓冰川消融而做的事情。

●保护冰川、极地、冻土、冰雪中的生物多样性。

护冰监督员

 发现破坏冰川、极地、冻土、冰雪环境等行为，应向哪个部门举报

监督举报范围：公民、法人和其他组织认为行政执法单位不履行法定职责，或违法实施行政许可、行政处罚、行政强制、行政征收、行政给付、行政检查、行政确认、行政奖励、行政裁决等其他行政行为，执法不规范、不公正、不公开等，可以在工作时间进行举报投诉。

监督举报方式：可向各地环保部门、林业行政部门、冰川管理局、司法局、司法局行政执法协调监督科等部门举报。

监督举报须知：举报人应当遵守我国法律法规，反映问题要客观真实，对举报提供材料内容的真实性负责，使用真实姓名及联系地址、电话，不得捏造、歪曲事实；不得煽动、串联、胁迫、诱使他人举报。对存在捏造事实，诬告陷害等行为，涉嫌犯罪的，将依法移交司法机关处理。

 破坏冰川、极地、冻土、冰雪环境等如何处罚

2023年4月24日，青藏高原生态保护法草案三审稿提请十四届全国人大常委会第二次会议审议。三审稿要求加强青藏高原生态保护修复和生态风险防控，突出雪山、冰川、冻土等的特殊性保护要求，对重要雪山冰川实施封禁保护，采取有效措施，严格控制人为扰动；严格控制多年冻土区资源开发，严格审批多年冻土区城镇规划和交通、管线、输变电等重大工程项目。三审稿明确了对在旅游、山地户外运动中随意倾倒、抛撒生活垃圾等行为的处罚措施。对有上述行为的，由环境卫生主管部门或者县级以上地方人民政府指定的部门责令改正，对个人处100元以上500元以下罚款；情节严重的，处500元以上1万元以下罚款，对单位处5万元以上50万元以下罚款。

文明一小步
生态一大步

关注环境质量、自然生态和能源资源状况，

学习生态环境科学、法律法规和政策、

环境健康风险防范等方面知识，

树立良好的生态价值观，

提升自身生态环境保护意识和生态文明素养。

节能小能手

绿色消费

●根据食量定饭菜数量：根据食量和用餐人数确定饭菜数量，不讲排场，不攀比浪费，不暴饮暴食。珍爱粮食，尊重劳动，做“光盘行动”的践行者。

●减少非必要的消费：如一次性的餐具和毫无益处的色素、添加物等。

●循环利用废旧衣物：废旧的衣物争取循环利用，可以把旧的羊毛衫裁成方形，当成坐垫填充物；用旧毛衣毛裤拆后的毛线织成小毛毯等。

●减少丢弃服装次数：可到裁缝店将旧衣翻新，减少购买和丢弃服装的次数。

●环保材料装修房子：多用节能设备或绿色能源，用节能环保材料装修还能调节室温、节约能源。

●人工清洁居室：清洁居室时多用扫帚，无法有效清理的地方才使用吸尘器。

●选择公共交通：少用私家车，尽量选择公共交通工具出行，或采取步行等出行方式。

●选购节能环保汽车：尽量选购小排量汽车或电动汽车，减少尾气排放，降低空气污染。

●废物利用：废旧报纸可以擦玻璃，不留水渍；废弃盒子稍加裁剪可制作成储物盒。

●使用环保袋：购物时使用环保袋、纸张双面打印、不使用一次性餐具、尽量购买包装简单的产品等，减少资源浪费。

低碳出行

只要是主动采取能降低二氧化碳排放量的交通方式都叫作低碳出行。低碳生活就是指在生活中尽力减少所消耗的能量，特别是二氧化碳的排放量，减少对大气的污染，减缓生态恶化。

●骑自行车。

●乘坐公共汽车，将公共交通、自行车和步行等作为日常交通工具，减少汽车的使用，减少碳排放。

●使用太阳能和风力：使用太阳能和风力等替代能源，有助于保护环境。

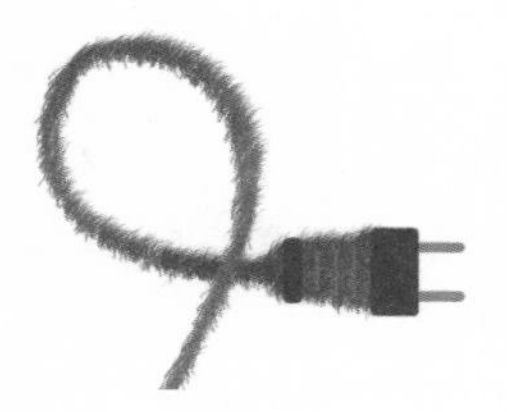

●节约能源：合理使用节能电器，不浪费电，有助于降低空气污染。能源需求少的话，发电站造成的大气污染就会减少。

《公民生态环境行为规范十条》

第一条　关爱生态环境。及时了解生态环境政策法规和信息，学习掌握环境污染治理、生物多样性保护、应对气候变化等方面科学知识和技能，提升自身生态文明素养，牢固树立生态价值观。

第二条　节约能源资源。拒绝奢侈浪费，践行光盘行动，节约用水用电用气，选用高能效家电、节水型器具，一水多用，合理设定空调温度，及时关闭电器电源，多走楼梯少乘电梯，纸张双面利用。

第三条　践行绿色消费。理性消费、合理消费，优先选择绿色低碳产品，少购买使用一次性用品，外出自带购物袋、水杯等，闲置物品改造利用或交流捐赠。

第四条　选择低碳出行。优先步行、骑行或公共交通出行，多使用共享交通工具，家庭用车优先选择新能源汽车或节能型汽车。

第五条　分类投放垃圾。学习并掌握垃圾分类和回收利用知识，减少垃圾产生，按标识单独投放有害垃圾，分类投放其他垃圾，不乱扔、乱放。

第六条　减少污染产生。不露天焚烧垃圾，少烧散煤，多用清洁能源，少用化学洗涤剂，不随意倾倒污水，合理使用化肥农药，不用超薄农膜，避免噪声扰邻。

第七条　呵护自然生态。尊重自然、顺应自然、保护自然，像保护眼睛一样保护生态环境，积极参与义务植树，不购买、不使用珍稀野生动植物制品，拒食珍稀野生动植物，不随意引入、丢弃或放生外来物种。

第八条　参加环保实践。积极传播生态文明理念，争做生态环境志愿者，从身边做起，从日常做起，影响带动其他人参加生态环境保护实践。

第九条　参与环境监督。遵守生态环境法律法规，履行生态环境保护义务，积极参与和监督生态环境保护工作，劝阻、制止或曝光、举报污染环境、破坏生态和浪费粮食的行为。

第十条　共建美丽中国。坚持简约适度、绿色低碳、文明健康的生活与工作方式，自觉做生态文明理念的模范践行者，共建人与自然和谐共生的美丽家园。